有趣的製造

旅途好驚喜

張金妙　滕意　著　　何月婷　繪

爺爺，先告訴我地球儀是怎麼做的吧。

北半球

南半球

地球儀呀，其實就是把平面的紙做成球。

印出北半球

硬紙板上的膠水塗層經過輥筒的熱壓會產生黏性，與北半球圖案黏合到一起。

印有圖案的紙

硬紙板

壓成北半球

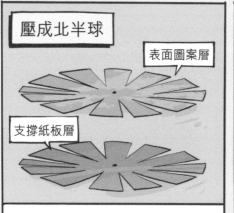

表面圖案層

支撐紙板層

用同樣的方法，衝剪出支撐用的紙板。

圖案層和相同形狀的紙板層，被半球形的熱壓模具大力衝壓延展成半球面。

組裝地球儀

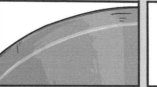

用支撐箍和膠水，將兩個半球結合。

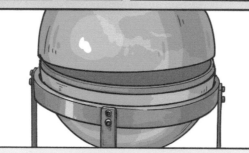

在接縫處貼上一圈膠帶，突出赤道位置。

在北極點打上小孔，作為定位點。

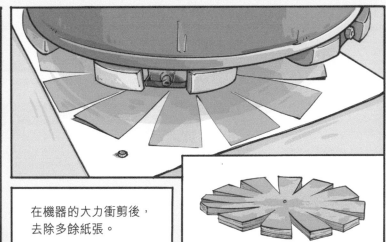

在機器的大力衝剪後，去除多餘紙張。

在赤道位置精修邊角。

再用同樣的方法製作出南半球。

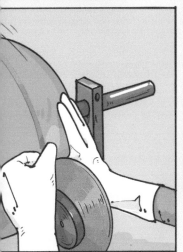

最後裝上底座就可以轉動了。

選好地方了嗎？

我要去看大海！

哇，飛機餐有我愛吃的黃桃！

想知道這個皮和核是怎麼去除的嗎？

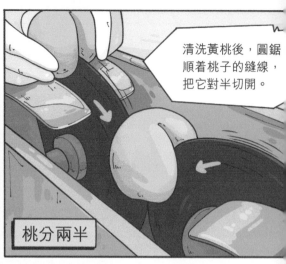

清洗黃桃後，圓鋸順着桃子的縫線，把它對半切開。

桃分兩半

常見的去皮方法，是先用水蒸汽把桃皮蒸到皺縮。

蒸……

蒸汽去皮

再用冷水浸泡桃子，果肉會收縮，果皮會泡脹，從而皮肉分離。

讓桃子在滾筒中轉動，漂洗的同時搓去果皮。

先用特定濃度的氫氧化鈉溶液噴淋果皮。

接着用特定濃度的稀鹽酸中和，再用水徹底清洗，質檢後送去裝罐。

灌裝糖水

在熱水中加入砂糖，攪拌均勻。

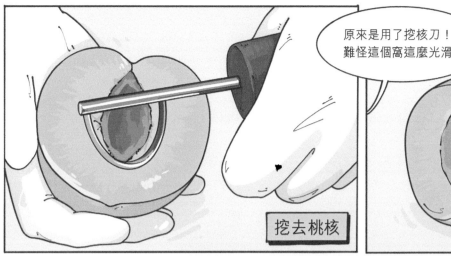

原來是用了挖核刀！難怪這個窩這麼光滑。

挖去桃核

人工質檢的同時剝去殘留果皮，就可以送去裝罐了。

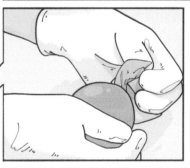

鹼液去皮

另一種方法，是用鹼液去溶解果皮的中膠層，從而分離果皮。

淋滿糖水後，送去封裝殺菌。

糖水除了能增加桃肉風味，高糖的環境也能抑制細菌生長。

少吃點，你媽媽特地叮囑過讓你少吃糖！

難怪黃桃罐頭特別甜呢！

海邊的大太陽，很刺眼啊！

還好我戴了太陽眼鏡！這次想知道它是怎麼做的。

常見的眼鏡框架，是由新型塑料——醋酸纖維製作的。先加熱板材來提高延展性。

叮！

製作鏡臂

用鋼板刀切出鏡臂，再送去打磨。

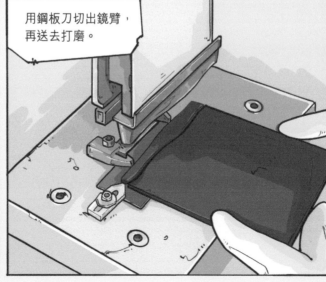

鏡框模板

要讓鏡臂更堅固，還得在加熱後插入鋼絲芯。

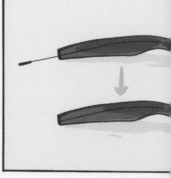

在板材內切割出眼鏡的內框。

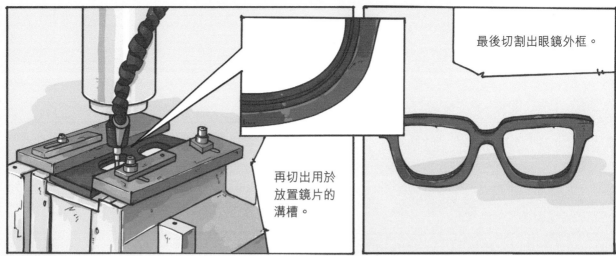

再切出用於放置鏡片的溝槽。

最後切割出眼鏡外框。

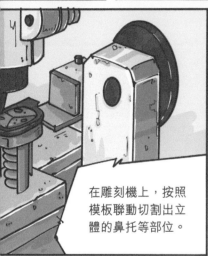

在雕刻機上，按照模板聯動切割出立體的鼻托等部位。

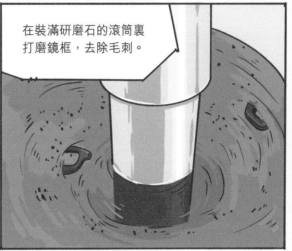

在裝滿研磨石的滾筒裏打磨鏡框，去除毛刺。

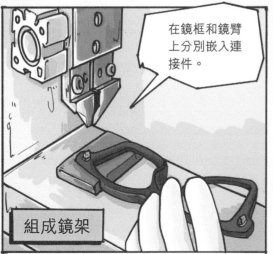

在鏡框和鏡臂上分別嵌入連接件。

組成鏡架

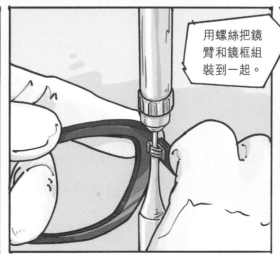

用螺絲把鏡臂和鏡框組裝到一起。

原來如此！那太陽眼鏡的鏡片又是怎麼做的啊？

壓製鏡片

在製作玻璃的原材料中加入深色的着色劑。

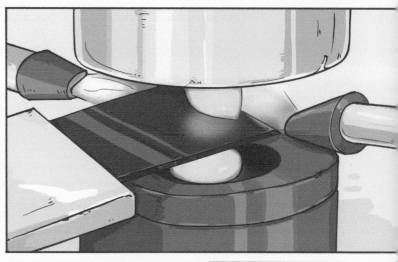

打磨鏡片

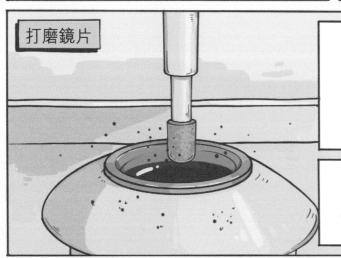

不同度數的鏡片對應不同的弧度，由機器精準打磨。

太陽眼鏡塗層

鏡片被批量送去噴塗表面。

我們常見的太陽眼鏡片顏色上深下淺，這是在多次噴塗的過程中，通過遮擋做出的漸變效果。

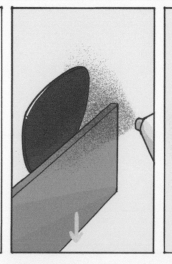

下一段高溫熔融的玻璃液，
傾注在模具中。

凸模下壓，把玻璃
衝壓成弧形。

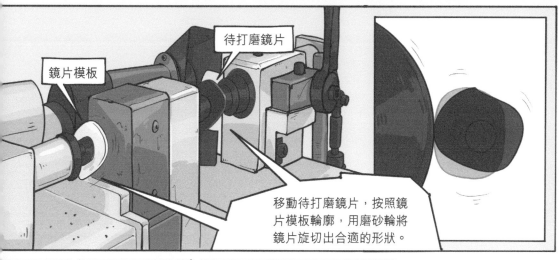
鏡片模板

待打磨鏡片

移動待打磨鏡片，按照鏡
片模板輪廓，用磨砂輪將
鏡片旋切出合適的形狀。

再在鏡片上
噴塗稀薄的
半鍍銀層，
達到反射陽
光的效果。

最後把鏡片嵌
進鏡框。

完成！

???

這是在風乾魷魚呢!

爺爺,這個轉動的是甚麼,魚嗎?

室外直曬

除了旋轉風乾,也經常用到電風扇。

剛收獲的魷魚先在室外暴曬。

放水下燈

利用魷魚群的趨光性,把牠們引誘上來。

開集魚燈

打開成排的大燈,繼續吸引魷魚。

收集魷魚

之後魷魚順着斜坡,落進魚道中被收集。

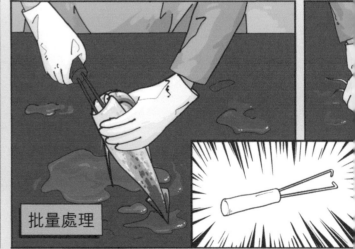

批量處理

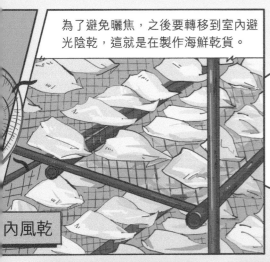

為了避免曬焦，之後要轉移到室內避光陰乾，這就是在製作海鮮乾貨。

內風乾

從海裏釣魷魚，可有意思了！

捕撈魷魚

魷釣船開到魷魚豐富的海域。

靠雷達和聲納探測到魷魚群後，等到天黑。

關大燈，開小燈，將魷魚群集中到一個特定的範圍便於捕獲。

自動釣魷魚

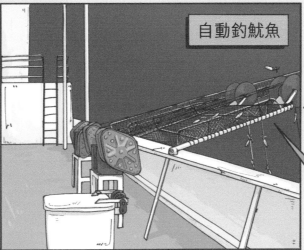

一根魚線上串了幾十個螢光的擬餌釣。

魷魚以為是食物，一抱住就上鈎了。

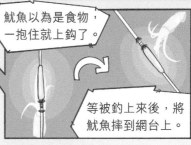

等被釣上來後，將魷魚摔到網台上。

挖取魷魚內臟後，切下觸鬚，分別保存。

集中魷魚肉，送去急凍。

船上急凍

魷魚為甚麼要急凍啊？

因為捕撈地太遠了，急凍了才能保鮮。

運輸魷魚

魷釣船繼續捕撈，由運輸船把魷魚送到岸上。

13

更有意思的是魷魚肉怎麼扯成絲。

魷魚解凍

加工廠會開着風扇吹水霧,來緩慢解凍魷魚肉。

比較常見的是輥筒壓住魷魚,過一次刀,就把魷魚皮切除了。

魷魚去皮

過水冷卻

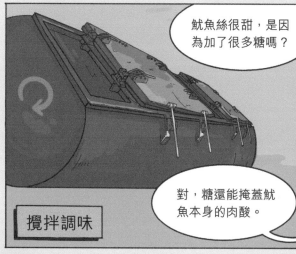

攪拌調味

魷魚絲很甜,是因為加了很多糖嗎?

對,糖還能掩蓋魷魚本身的肉酸。

鋪平乾燥

壓延肉片

使用大滾筒趁熱擠壓,把魷魚肉壓平和拉直。

魷魚拉絲

如果選用的是天然肉酸的秘魯魷魚，還要加入去酸劑。

清洗

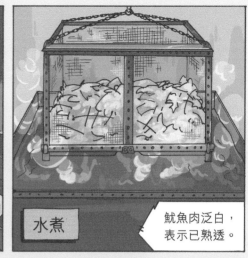

水煮

魷魚肉泛白，表示已熟透。

控制乾燥溫度，緩慢烘乾魷魚。

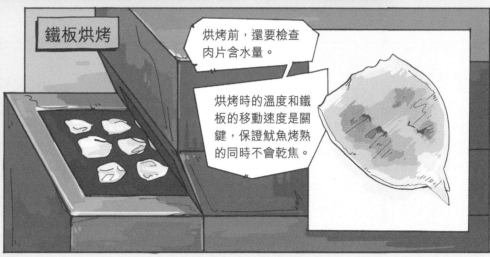

鐵板烘烤

烘烤前，還要檢查肉片含水量。

烘烤時的溫度和鐵板的移動速度是關鍵，保證魷魚烤熟的同時不會乾焦。

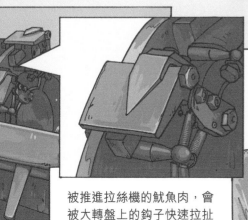

被推進拉絲機的魷魚肉，會被大轉盤上的鉤子快速拉扯成絲！

再次調味後，乾燥冷卻就可以裝袋出廠了。

已經在流口水了……爺爺，我們現在就去買吧！

爺爺，我才剛睡醒呢，漁船就已經回來了？

打漁一般都在夜裏，這是捕蝦回來在卸貨呢。

正好給你講講超市裏的急凍蝦仁是怎麼處理的。

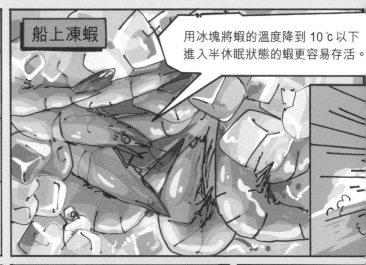

船上凍蝦

用冰塊將蝦的溫度降到 10℃ 以下進入半休眠狀態的蝦更容易存活。

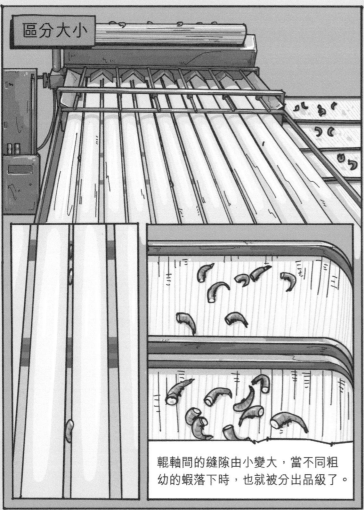

區分大小

輥軸間的縫隙由小變大，當不同粗幼的蝦落下時，也就被分出品級了。

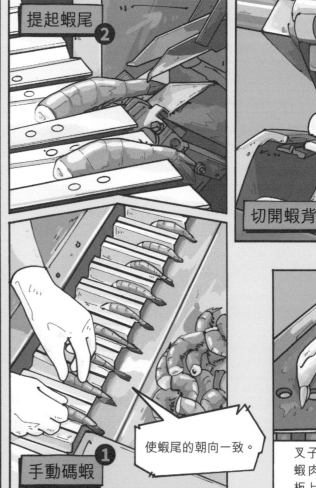

提起蝦尾 ②

切開蝦背 ③

手動碼蝦 ①

使蝦尾的朝向一致。

叉子繼續下扌蝦肉就留在板上。

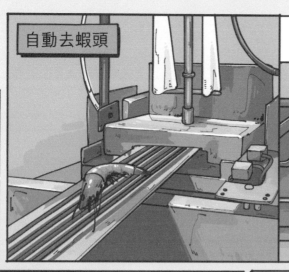

運去工廠

自動去蝦頭

當紅外線感應到蝦時，切刀精準下落，除去蝦頭。

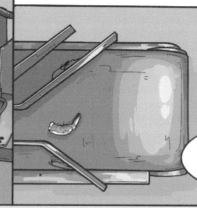

當然，靠人工直接剝出蝦仁，也很常見。

刷去蝦線 ④

用叉子紮住蝦肉下拉時，蝦肉與蝦殼分離。

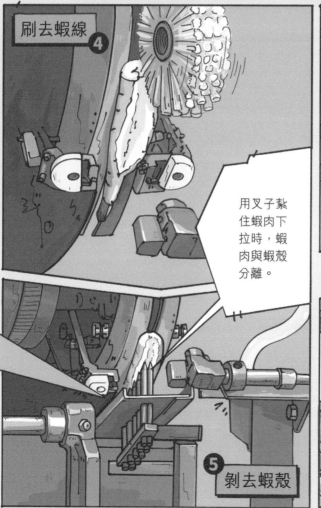

⑤ 剝去蝦殼

包冰衣

經過急凍的蝦仁，還需要被均勻地噴上一層水霧，再次急凍形成冰衣。

怪不得超市裏看到的急凍蝦仁都有層冰衣。

這層冰衣可以減少蝦肉內部的水份流失。

繩子上養紫菜，這叫網簾養殖。

爺爺，他們拖出水的繩子上，怎麼掛了這麼多黑東西？

這是在收獲紫菜呢！

網簾養殖

紫菜孢子在貝殼裏發育成熟後會脫落，並黏附在架好的網繩上生長。

分離雜物

用離心機去除各類雜物。

要做成常吃的片狀海苔，得把它們切碎後重製。

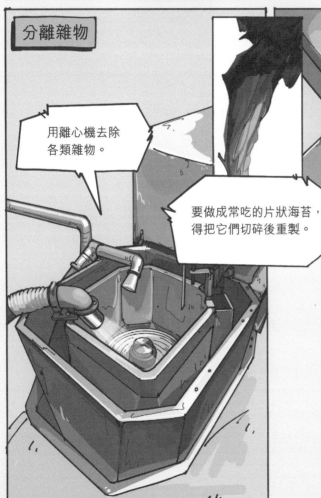

切碎紫菜

控溫乾燥

爺爺，明明只加了一勺糖，怎麼能蓬成這麼大的「雲朵」？

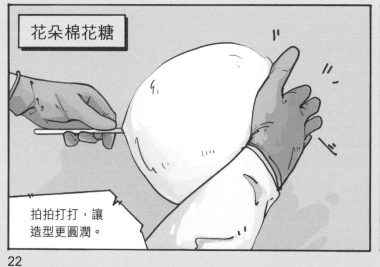

花朵棉花糖

拍拍打打，讓造型更圓潤。

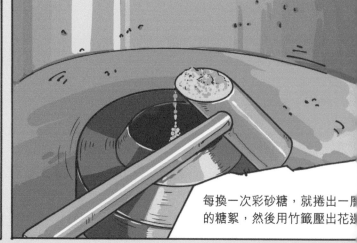

每換一次彩砂糖，就捲出一層的糖絮，然後用竹籤壓出花邊

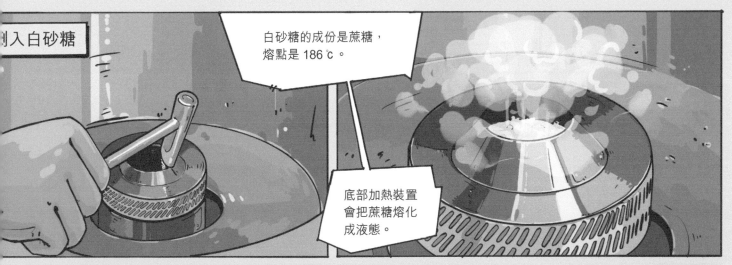

倒入白砂糖

白砂糖的成份是蔗糖，熔點是 186℃。

底部加熱裝置會把蔗糖熔化成液態。

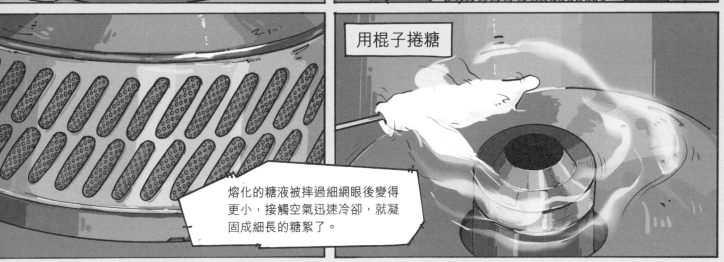

用棍子捲糖

熔化的糖液被摔過細網眼後變得更小，接觸空氣迅速冷卻，就凝固成細長的糖絮了。

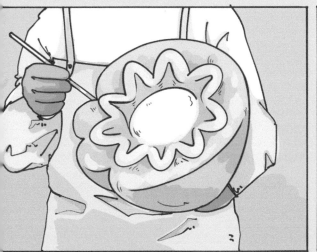

從固體變成液體，再重新變回固體的過程中，我們巧妙地改變了砂糖的造型，做出了可愛又蓬鬆的棉花糖。

小猴頭金睛火眼啊，家裏吃的在工廠就做圓了呀！

在滾圓章魚小丸子呀！可為甚麼家裏買來的已經是圓溜溜的？

蔬菜打底

先在半圓形模具中滴油，再用旋轉下落的刷子抹勻。

放章魚肉

升降台的凹槽把章魚肉頂起。

機器滾圓

把半熟的章魚小丸子翻轉到空的鐵板模具中。

向下擠壓章魚小丸子，使它的平底貼合模具的圓底。

24

放入切碎的捲心菜和大蔥等。

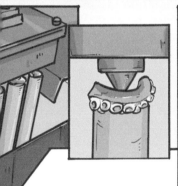

每一個負壓吸嘴只會吸住一塊章魚肉。

章魚肉被負壓吸嘴轉移到模具中。

再澆上麵糊,加熱至凝固。

次重複的翻轉和壓,就把章魚小子做圓了。

急凍裝袋

在零下30℃急凍約半小時,保留住食材的風味,就可以裝袋出廠了。

章魚小丸子

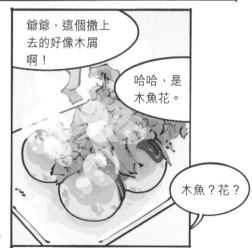

爺爺,這個撒上去的好像木屑啊!

哈哈,是木魚花。

木魚?花?

25

用來做木魚花的鰹魚乾，只是長得像木頭，可不是你想的木魚喲！

鰹魚

去除鰹魚的頭、內臟、鰭等，只用魚身。

鰹魚的體形比較大，先把魚肉分成四大塊。

切塊煮熟

薰製成荒節

多次的煙薰和風乾，去除魚肉水份的同時也增加了風味。

現在完成的叫作荒節。

打磨成裸節

再經過陽光暴曬。

並徹底洗去表面真菌。

經過多次重
噴菌、發酵
曬乾和清洗
最後做成的
乾叫作枯節

26

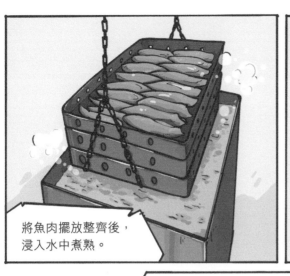

將魚肉擺放整齊後，浸入水中煮熟。

拔去魚刺

去荒節表面的油脂。

現在製成的叫作裸節。

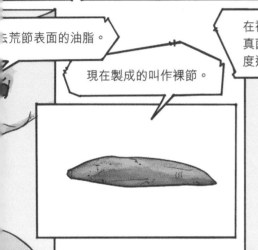

在裸節表面噴灑特定的真菌後，控制溫度和濕度進行發酵。

發酵成枯節

魚肉發酵時，真菌會吸收水份並分解脂肪等物質，從而提升風味。

刨削成木魚花

可它也不是花呀？

刨出來的薄片，形似花瓣，所以叫刨花。

怪不得叫木魚花！

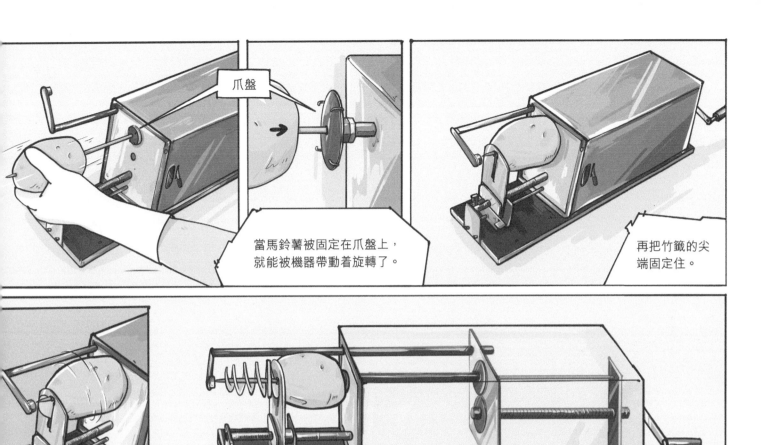

爪盤

當馬鈴薯被固定在爪盤上，
就能被機器帶動着旋轉了。

再把竹籤的尖
端固定住。

被旋切下的馬鈴薯會隨
着竹籤一起被機器推出，
因此一直沒被切斷。

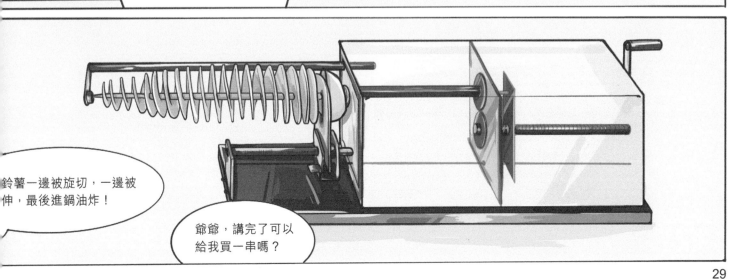

鈴薯一邊被旋切，一邊被
伸，最後進鍋油炸！

爺爺，講完了可以
給我買一串嗎？

爺爺，汽水裏面有彈珠呀！

哈哈，這可不是用來玩的，是用來封氣的。

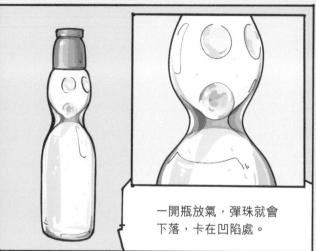

一開瓶放氣，彈珠就會下落，卡在凹陷處。

製作玻璃瓶

放入彈珠，擰上塑料瓶蓋，再送去灌裝和密封。

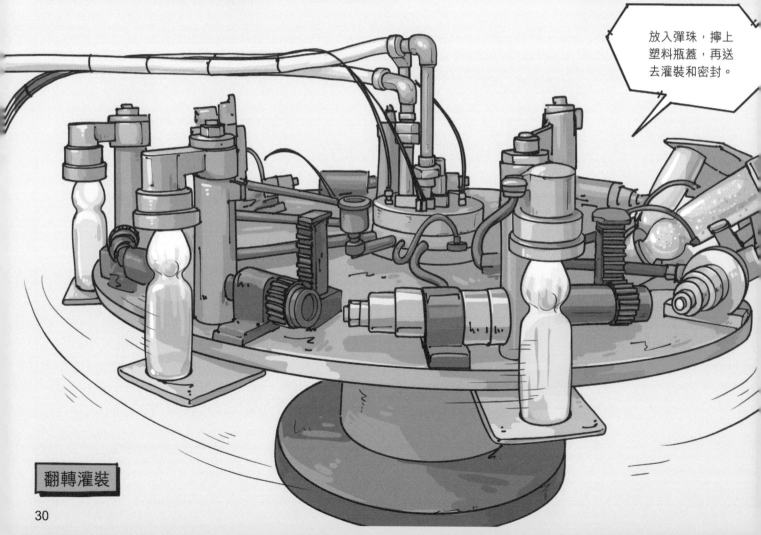

翻轉灌裝

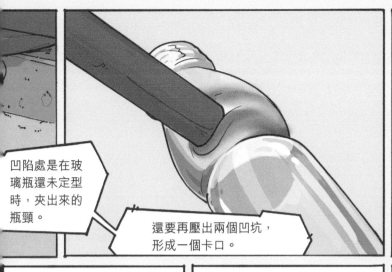

凹陷處是在玻璃瓶還未定型時，夾出來的瓶頸。

還要再壓出兩個凹坑，形成一個卡口。

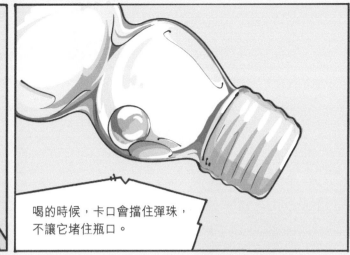

喝的時候，卡口會擋住彈珠，不讓它堵住瓶口。

灌入汽水。

當瓶子被翻轉時，彈珠會落下封上瓶口。

搖晃時，二氧化碳氣體會從汽水中放出，從而頂住彈珠。

等汽水瓶被翻轉回來，瓶口已經被彈珠堵實了。

飲用方法

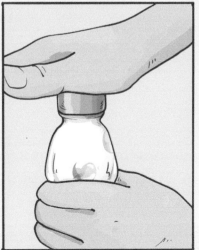

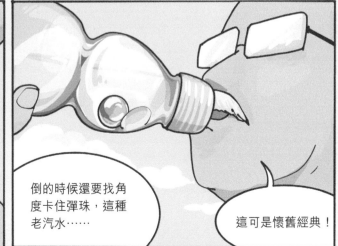

倒的時候還要找角度卡住彈珠，這種老汽水……

這可是懷舊經典！

其實我最想知道，經典的甜筒雪糕是怎麼做的！

雪糕的製作

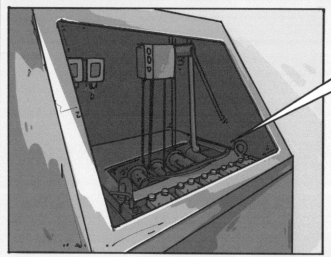

均質機通過壓擊打，將肪顆粒打得細小，讓它均勻分散在糕液中。

 →

甜筒的製作

在攪拌機中倒入水、麵粉、雞蛋、糖、植物油等原料。

烤製甜筒皮

將定量的麵糊倒在有網格的烤盤上。

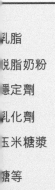

乳脂

脱脂奶粉

穩定劑

乳化劑

玉米糖漿

糖等

攪拌原料

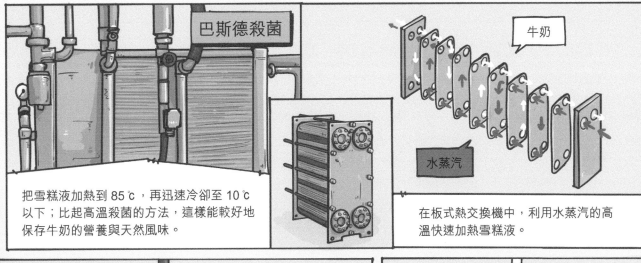

巴斯德殺菌

把雪糕液加熱到 85℃，再迅速冷卻至 10℃以下；比起高溫殺菌的方法，這樣能較好地保存牛奶的營養與天然風味。

牛奶

水蒸汽

在板式熱交換機中，利用水蒸汽的高溫快速加熱雪糕液。

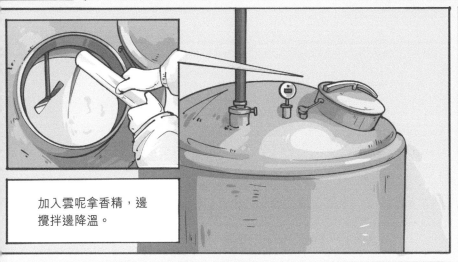

加入雲呢拿香精，邊攪拌邊降溫。

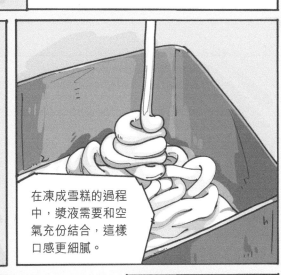

在凍成雪糕的過程中，漿液需要和空氣充份結合，這樣口感更細膩。

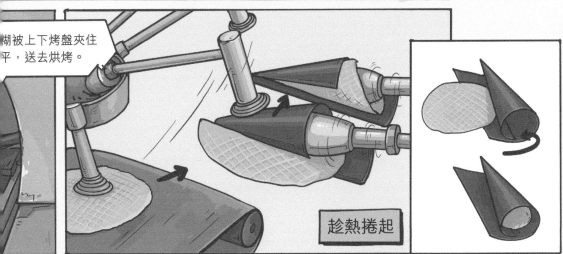

糊被上下烤盤夾住平，送去烘烤。

趁熱捲起

冷卻成型

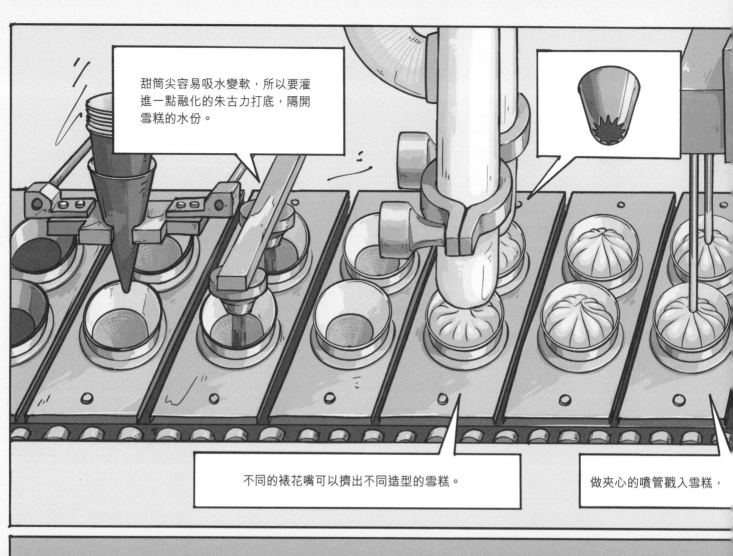

甜筒尖容易吸水變軟，所以要灌進一點融化的朱古力打底，隔開雪糕的水份。

不同的裱花嘴可以擠出不同造型的雪糕。

做夾心的噴管戳入雪糕，

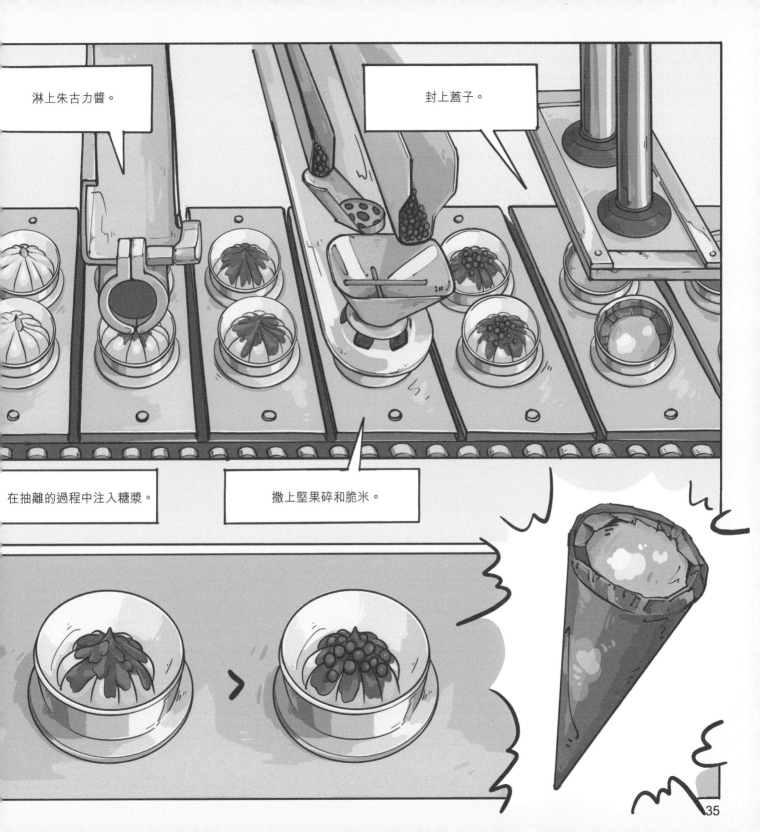

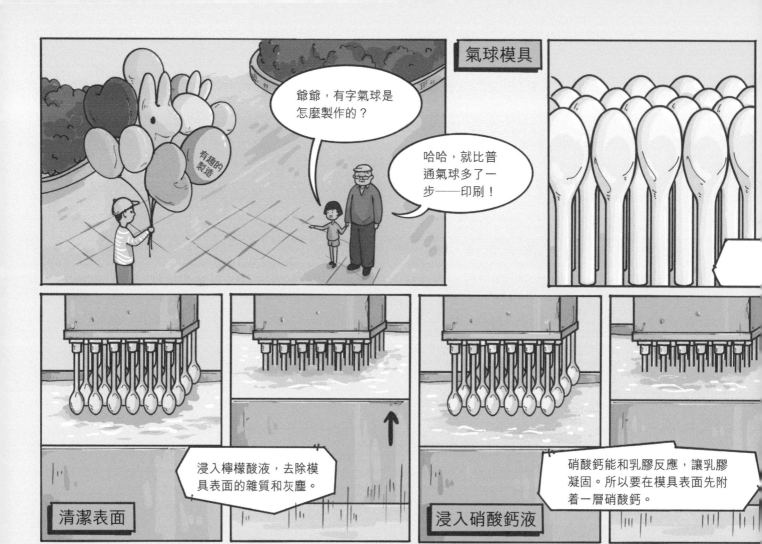

氣球模具

爺爺,有字氣球是怎麼製作的?

哈哈,就比普通氣球多了一步——印刷!

清潔表面

浸入檸檬酸液,去除模具表面的雜質和灰塵。

浸入硝酸鈣液

硝酸鈣能和乳膠反應,讓乳膠凝固。所以要在模具表面先附着一層硝酸鈣。

捲出吹嘴

趁着氣球還沒完全硬化,用毛刷捲邊。

隧道式烤箱

150~170 ℃

5分鐘

清洗氣球後加熱,讓乳膠硫化,使氣球更有彈性。

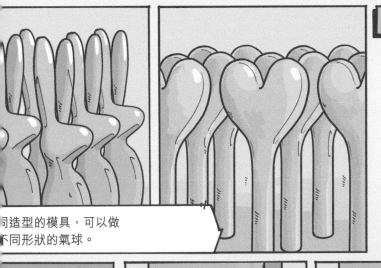

同造型的模具，可以做
不同形狀的氣球。

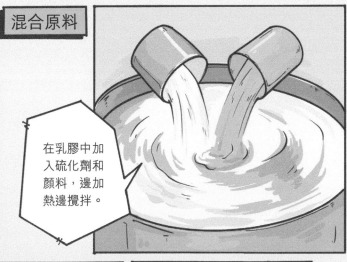

在乳膠中加
入硫化劑和
顏料，邊加
熱邊攪拌。

用烤箱烘乾水份，
形成硝酸鈣薄膜。

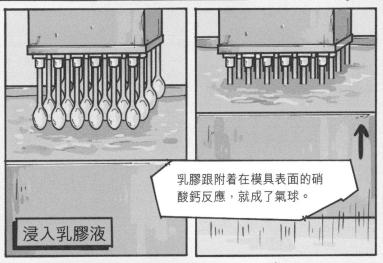

乳膠跟附着在模具表面的硝
酸鈣反應，就成了氣球。

浸入乳膠液

再次加熱，讓
氣球初步定型。

氣球脫模

為了讓氣球
與模具分離，
從底部吹氣
形成空隙。

同時用輥
筒迅速地
捲走氣球。

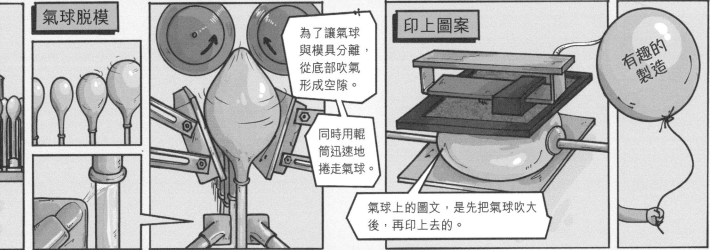

印上圖案

有趣的
製造

氣球上的圖文，是先把氣球吹大
後，再印上去的。

39

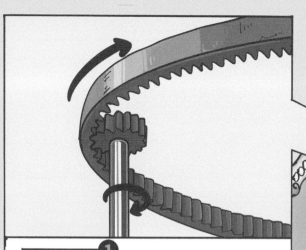

舞台旋轉 ❶

木馬被固定在大舞台上。而大舞台的旋轉,靠的是中間的電機在帶動齒圈。

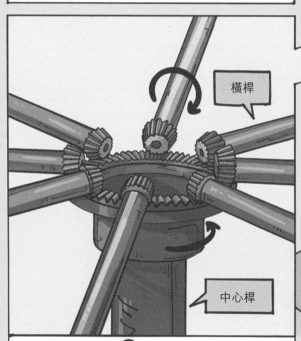

橫桿

中心桿

橫桿也在轉 ❷

讓每一個木馬動起來,靠另外一套齒輪組合。只需要轉動一根中心桿,就可帶動所有的橫桿。

爺爺,木馬一邊旋轉,還一邊起伏,這是怎麼做到的呀?

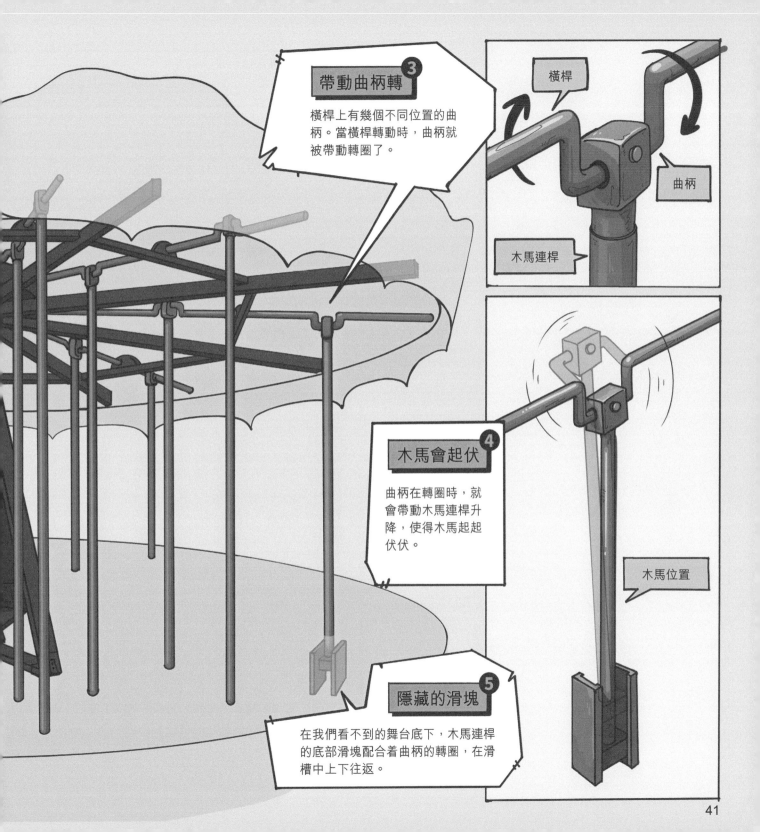

41

哈哈，打的其實是二氧化碳氣體。至於怎麼打……

爺爺，可樂裏的氣，是怎麼打進去的啊？

可樂工廠用的是現成的濃縮糖漿，這配方至今還是商業機密。

充入氣體

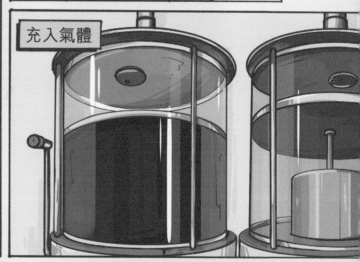

可樂裝瓶

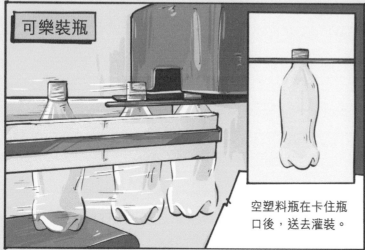

空塑料瓶在卡住瓶口後，送去灌裝。

不影響口感，可樂用水需要過
其中的雜質和金屬離子。

水淨化處理器

水
糖
濃縮糖漿

混合稀釋後的糖水，
還需要充氣，才會製
成可樂。

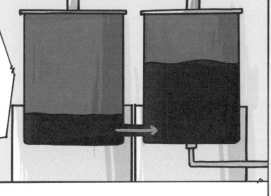

將糖水冷卻，
再轉移到碳化
水箱中充氣。

水溫是為了溶
多的二氧化碳。

1. 將糖水輸送到碳化水箱中。

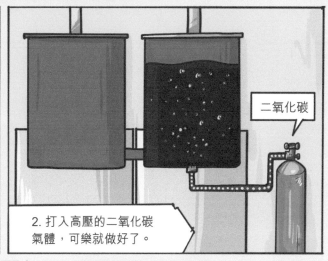

二氧化碳

2. 打入高壓的二氧化碳
氣體，可樂就做好了。

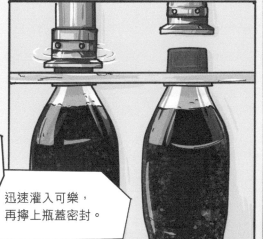

沿着內壁灌入可樂，
盡量減少液體振盪。

可樂裏的二氧化碳受熱會
逃逸，所以灌裝時，溫度
也要控制得比較低。

迅速灌入可樂，
再擰上瓶蓋密封。

這種即按飲料機，
裏頭是裝了一大瓶
可樂嗎？

看來是糖漿不夠了。

咦？這杯可樂怎麼沒有顏色？

即按的可樂，其實是先在水裏打了氣，再混合糖漿的。

液化二氧化碳

❸ 二氧化碳氣體也作為驅動力，把糖漿從糖漿泵推向飲料機。

糖漿

糖漿包

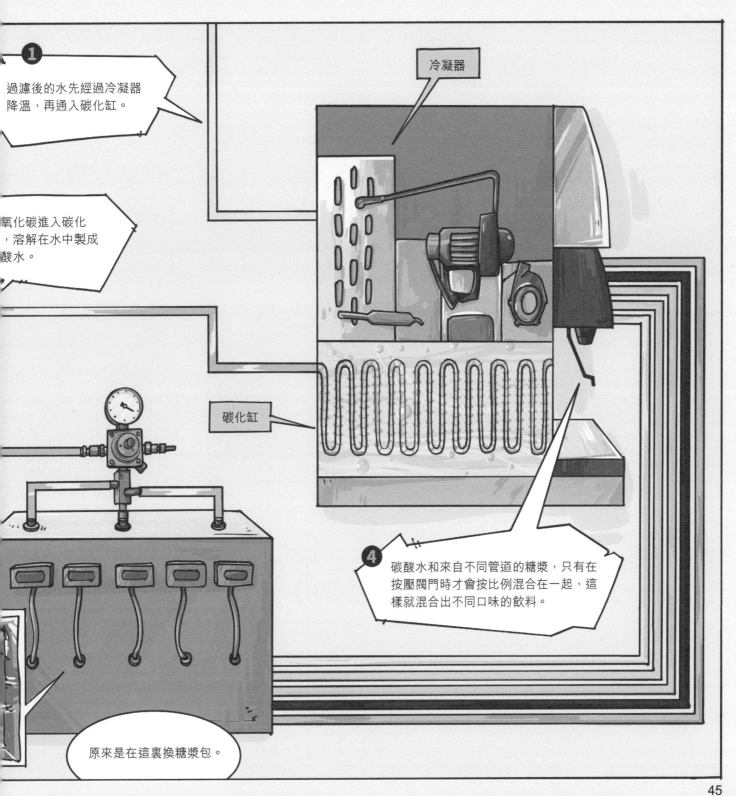

爺爺，這船是怎麼
裝進瓶子裏的？

別看整隻船大，但只要
船身能塞進瓶口，就能
做出瓶中船。

組裝船隻

立起桅桿

每根桅桿都被幾條
細線控制着。

當拉動細線時，
桅桿就能立起。

瓶中揚帆

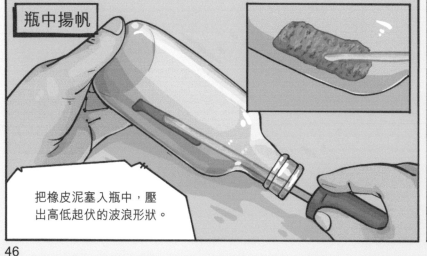

把橡皮泥塞入瓶中，壓
出高低起伏的波浪形狀。

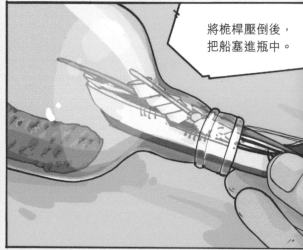

將桅桿壓倒後，
把船塞進瓶中。

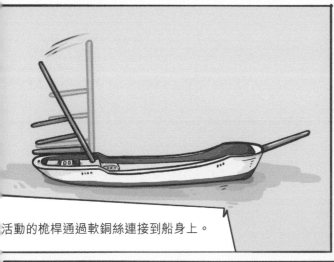

活動的桅桿通過軟銅絲連接到船身上。

用細線把桁架綁在桅桿上。

黏貼風帆

拉緊桅桿，用膠水把風帆貼上。

船就做好了。

用膠水固定住船底後，拉動細線，瓶中船就立桿揚帆了。

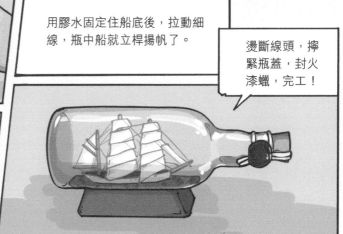

燙斷線頭，擰緊瓶蓋，封火漆蠟，完工！

爺爺,這麼可愛的海豚,你是不是也很喜歡?

那你挑一個當紀念品吧!

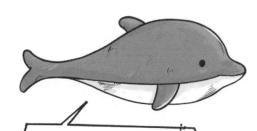

製作一個毛絨玩具,得先設計出造型,再按部位分成不同的裁片。

拼縫整體

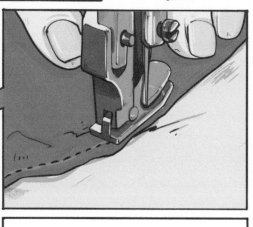

將各裁片拼接縫合,只留出一個開口。

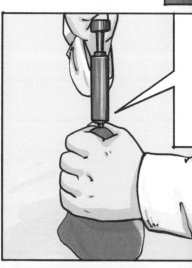

填充內芯

從開口處塞入棉花,使毛絨玩具變飽滿。

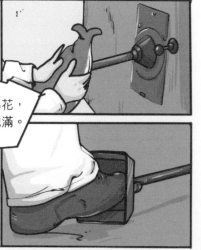

最終縫合

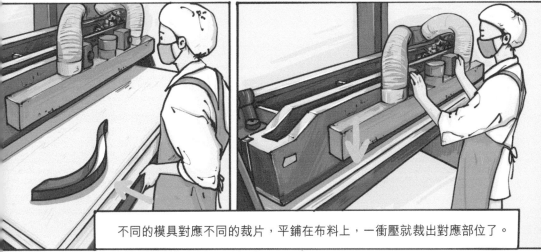
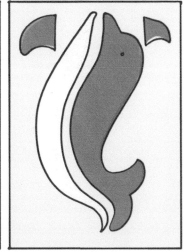

不同的模具對應不同的裁片，平鋪在布料上，一衝壓就裁出對應部位了。

通過開口把布料整個外翻，從而隱藏縫線痕跡。

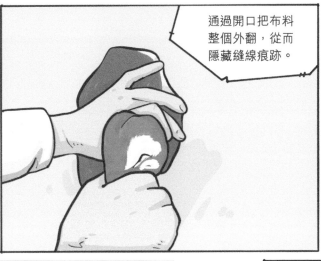

在預留的海豚眼部，固定上塑料眼珠。

尾巴和鰭的邊邊角角，就借助小短棍來整理。

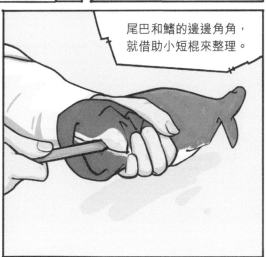

巧妙地把開口縫上，並隱藏住針腳，毛絨玩具就做好了。

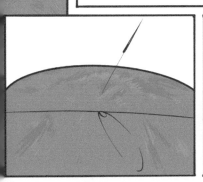
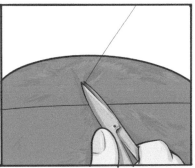

那我們就打道回府？

玩得真開心，有點捨不得！

創作者説

在文明與科技越發進步的現代，我們每天享受着日常的便利，但卻很少會去注意，這些生活中觸手可及的物品其實每一件都歷經迭代，蘊含着人類思考和實踐的智慧。

比如你正在閱讀的這段話的載體，可能是紙質圖書中的一頁，也可能是電腦的液晶顯示器，還可能是智能手機的屏幕，那圖書是怎麼印製出來的？顯示器和手機屏幕又是從何而來？你端起了手邊的茶杯，這又是怎麼從黏土變成的瓷器？你推了推眼鏡架，不禁思考起鏡片為何如此剔透……

我們正逐漸失去對真實世界最直接的感知，「知其然，不知其所以然」的境況在蔓延，並悄悄吞噬着人類的好奇。假如對日常生活不假思索地抱有理所當然的態度，便會迷失在種種唾手可得的「結果」裏。怎樣才能激活我們對現代生活另一層的豐富感知、重建對世界的熱忱與好奇呢？

那就要重新發現「過程」的意義，這正是這套書希望做到的。

這套書的創作過程，最初源於兩個問題：我們想讓自己的孩子怎樣認識世界？應該陪孩子共讀一本怎樣的書？後來我們形成了一個共識：不僅是孩子，成年人對生活的好奇，也不會因為年歲漸長而消失，而是累積成記憶深處的「童年迷思」。過去五年，我們在「有趣的製造」公眾號上收集着大朋友和小朋友散落的好奇心。正是基於這些積累，這套書會揭秘生活中常見物品的製作過程，展現令人意外和驚喜的生產過程。

我們希望提供一個關注過程的獨特視角：挖掘常見事物中不常見的那一面，激起對日常的疑問，延續對生活的好奇。重要的是，讓大家在解除困惑的同時，收獲「原來如此」和「竟然這樣」的驚喜與快樂，獲得一種基於邏輯的趣味，進而培養一種獨特的研究能力——通過知悉製造去學習如何創造。

我們用漫畫的形式去表達物品的製造流程，是為了讓硬邦邦的內容足夠有趣。漫畫是互動的藝術，它可以讓我們去自行聯想下一場景的動作；它也適合在靜態畫面中表現動態場景，正適合流水線上的生產；它也能通過連續的畫格展現出某個動態的發生過程和場景的轉變。在內容的安排上，我們盡量在每一對開頁展示一個物品的生產過程，且顏色也與該物品本身相關聯，使閱讀更加場景化。同時，每一篇盡量配搭不同色調，也能明確劃分不同物品的生產流程，使每一次的翻頁都帶來新鮮感。

這套書是我們思考「世界要往何處去」的一次實踐，獻給所有對世界充滿好奇的人。它表面上展現不同物品的製作過程，實際上帶你發現日常生活的一個隱秘層面，幫你建立起和世界的聯繫，這才是我們認為的「有趣」。期待你在閱讀中感到愉悅和興奮，不知不覺間收獲新知和啟發。

金妙　滕意　月婷

2022 年 11 月

特別感謝參與上色工作的插畫師
周羽薈、吳雨霏
願意和我們一起推進這本書的面世

物從何處來？
有圖有真相！

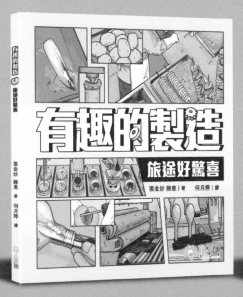

★ 完全滿足大人與小孩好奇心的造物小百科！

★ 讓你一圖讀懂萬物製造的秘密！

《有趣的製造》一套三冊，每本選取來自日常生活、校園、旅途中常見的百餘個物件，用五十多張跨頁大圖和簡單易懂的文字，展示每個物品最關鍵的生產步驟，拆解太陽眼鏡、雪條、足球、鉛筆等用品的製造過程。

每種物品都融合了各種學科的應用知識，將複雜的工業生產過程精簡成一組組清晰生動的可愛圖畫，是結合科學與藝術之作。

那些讓孩子感到好奇、大人無法解答的問題，都能在這本書裏找到答案！

著者

我怎樣展現常被忽略的「過程」的意義呢？就是這本書誕生之初的靈感：一場有關來龍去脈的設計，一種以趣味啟動的生活隱藏圖景。

張金妙

機械設計學士，倫敦大學金匠學院（University of London, Goldsmiths）實踐設計碩士。正在探索跨媒介創新的可能性（教育、遊戲、圖像小説等）。

不過我發現，追尋物品製作背後的真相就像調查的過程，大大滿足了我的探究之心。希望這本書也能滿足大家的好奇心。

滕 意

本科學自動化，碩士學電子。小時候想當偵探，長大也努力過了法考，卻還在繼續當上班族。

繪者

想用畫筆向所有人展示工業的趣味，便有了這次藝術與製造結合的美學實踐。以為「製造」才是重點，其實「有趣」才是，都在畫裏了。

何月婷

畢業於中國美術學院工業系。看天氣拍照的攝影愛好者，看心情畫畫的插畫家，靠手藝吃飯的設計師。

書　　名　有趣的製造：旅途好驚喜
作　　者　張金妙　滕　意
插　　圖　何月婷
責任編輯　王穎嫻
美術編輯　蔡學彰
出　　版　小天地出版社（天地圖書附屬公司）
　　　　　香港黃竹坑道46號新興工業大廈11樓（總寫字樓）
　　　　　電話：2528 3671　　　　傳真：2865 2609
　　　　　香港灣仔莊士敦道30號地庫（門市部）
　　　　　電話：2865 0708　　　　傳真：2861 1541
印　　刷　點創意（香港）有限公司
　　　　　新界葵涌葵榮路40-44號任合興工業大廈3樓B室
　　　　　電話：2614 5617　傳真：2614 5627
發　　行　聯合新零售（香港）有限公司
　　　　　香港新界荃灣德士古道220-248號荃灣工業中心16樓
　　　　　電話：2150 2100　　　　傳真：2407 3062
出版日期　2024年6月初版・香港